童眼认动物

100 种 动物

英童书坊编纂中心●主编

全国百佳图书出版单位
吉林出版集团股份有限公司

图书在版编目（ＣＩＰ）数据

童眼认动物 / 英童书坊编纂中心主编. -- 长春：
吉林出版集团股份有限公司，2020.5（2024.8 重印）
　　ISBN 978-7-5581-8515-1

　　Ⅰ．①童… Ⅱ．①英… Ⅲ．①动物—儿童读物 Ⅳ.
①Q95-49

　　中国版本图书馆CIP数据核字 (2020) 第065036号

童眼认动物　　100种动物

TONGYAN REN DONGWU　100　ZHONG DONGWU

主　　编：英童书坊编纂中心
责任编辑：崔　岩　孙琳琳
技术编辑：王会莲
数字编辑：陈克娜
封面设计：冯冯翼
配　　音：孙　悦
开　　本：889mm×1194mm　1/12
字　　数：113千字
印　　张：4.5
版　　次：2020年6月第1版
印　　次：2024年8月第9次印刷

出　　版：吉林出版集团股份有限公司
发　　行：吉林出版集团外语教育有限公司
地　　址：长春市福祉大路5788号龙腾国际大厦B座7层
电　　话：总编办：0431-81629929
　　　　　　数字部：0431-81629937
　　　　　　发行部：0431-81629930　0431-81629921(Fax)
网　　址：www.360hours.com
印　　刷：吉林省吉广国际广告股份有限公司

ISBN 978-7-5581-8515-1　　　　　　　　定价：22.80元

目　录

bān mǎ
斑马

bān mǎ bēn pǎo de sù dù hěn kuài　shī
斑马奔跑的速度很快，狮
zi hé liè bào jīng cháng zhuī bù shàng tā men　chéng
子和猎豹经常追不上它们。成
qún de bān mǎ zài yì qǐ shí fēn yǒu hǎo　cháng
群的斑马在一起十分友好，常
yǔ líng yáng　cháng jǐng lù děng shí cǎo dòng wù yì
与羚羊、长颈鹿等食草动物一
qǐ shēng huó
起生活。

yě niú
野牛

yě niú xǐ huan qún tǐ huó dòng　tā men de gōng jī xìng zuì
野牛喜欢群体活动，它们的攻击性最
qiáng　pí qi zuì bào zào　shì fēi zhōu zuì wēi xiǎn de měng shòu zhī
强，脾气最暴躁，是非洲最危险的猛兽之
yī　shèn zhì bǐ shī zi hé liè bào dōu wēi xiǎn
一，甚至比狮子和猎豹都危险。

1

líng yáng
羚羊

líng yáng dòng zuò qīng yíng　　sì zhī xì cháng　dǎn xiǎo jī
羚羊动作轻盈、四肢细长、胆小机
jǐng　　yī　bān shēng huó zài cǎo yuán　kuàng yě huò shā mò　　yǒu de
警。一般生活在草原、旷野或沙漠，有的
yě qī xī yú shān qū　　líng yáng de tiān dí zhǔ yào shì liè bào
也栖息于山区。羚羊的天敌主要是猎豹。

· 聆听科学奥秘
· 观看百科故事
· 图解知识奥秘
· 闯关科普挑战

眼微信扫码

cháng jǐng lù
长颈鹿

cháng jǐng lù de bó zi hěn cháng　　bù néng yǐ cǎo wéi zhǔ
长颈鹿的脖子很长，不能以草为主
shí　　zhǐ néng duō chī shù yè　　cháng jǐng lù yǐn shuǐ shí yě shí fēn
食，只能多吃树叶。长颈鹿饮水时也十分
bù biàn　　suǒ yǐ tā men yào chǎ kāi qián tuǐ huò guì zài dì shang cái
不便，所以它们要叉开前腿或跪在地上才
néng hē dào shuǐ
能喝到水。

dà xiàng
大象

dà xiàng hěn cōng míng kě yǐ bèi rén
大象很聪明，可以被人
lèi xùn yǎng bāng zhù rén lèi láo dòng dà xiàng
类驯养，帮助人类劳动。大象
de bí zi qǐ zhe gē bo hé shǒu de zuò yòng
的鼻子起着胳膊和手的作用，
néng jiāng shuǐ yǔ shí wù sòng rù kǒu zhōng
能将水与食物送入口中。

jiǎo mǎ
角马

jiǎo mǎ shì yī zhǒng shēng huó zài
角马是一种生活在
fēi zhōu cǎo yuán shang de dà xíng shí cǎo dòng
非洲草原上的大型食草动
wù zài chī bù bǎo de jì jié jǐ
物。在吃不饱的季节，几
shí wàn zhī jiǎo mǎ huì zì jué de zǔ hé
十万只角马会自觉地组合
chéng dà tuán tǐ dà jiā yī qǐ cháng tú
成大团体，大家一起长途
qiān xǐ
迁徙。

3

xī niú
犀牛

很多犀牛生活在非洲大草原。犀牛的体形仅次于大象。它们的头大而长，脖子又粗又短，头部有实心的犀牛角。

hé mǎ
河马

河马是淡水中最大的动物，仅次于大象和犀牛。虽然河马身躯庞大，但在水中行走很轻便。

4

yě zhū
野猪

yě zhū cháng qīn rù nóng
野猪常侵入农
tián huǐ huài zhuāng jia
田，毁坏庄稼。
tā shàn yú bēn pǎo yī bān
它善于奔跑，一般
de liè gǒu shì zhuī bù shàng tā
的猎狗是追不上它
de yě zhū yǒu zhe cháng cháng
的。野猪有着长长
de liáo yá néng yǔ lǎo hǔ
的獠牙，能与老虎
bó dòu
搏斗。

xùn lù
驯鹿

xùn lù tóu shang zhǎng zhe shù
驯鹿头上长着树
zhī yí yàng de cháng jiǎo tā de
枝一样的长角。它的
jiǎo zhǎng kuān hòu fēi cháng shì hé
脚掌宽厚，非常适合
zài xuě dì hé qí qū bù píng de
在雪地和崎岖不平的
dào lù shang xíng zǒu shàn yú chuān
道路上行走，善于穿
yuè sēn lín hé zhǎo zé dì
越森林和沼泽地。

5

hēi xīng xing shēn shang zhǎng zhe hěn duō máo   sì zhī
黑猩猩身上长着很多毛，四肢
xiū cháng yòu líng huó   tā men néng yǐ bàn zhí lì de fāng shì
修长又灵活。它们能以半直立的方式
xíng zǒu   néng shǐ yòng yì xiē jiǎn dān de gōng jù   shì zuì
行走，能使用一些简单的工具，是最
jiē jìn rén lèi de dòng wù
接近人类的动物。

hēi xīng xing
黑猩猩

hóu zi
猴子

hóu zi tè bié cōng míng   tā kě yǐ yòng qián zhuǎr pān pá shù
猴子特别聪明，它可以用前爪儿攀爬树
zhī hé ná dōng xi   hóu zi hù xiāng shū lǐ máo fà shì wèi le zhǎo yán
枝和拿东西。猴子互相梳理毛发是为了找盐
lì chī   ér qiě zhè yàng kě yǐ zēng jìn bǐ cǐ de gǎn qíng
粒吃，而且这样可以增进彼此的感情。

shān xiāo
山魈

shān xiāo fēi cháng cōng míng　　tǐ xíng gēn fèi fèi chà
山魈非常聪明，体形跟狒狒差
bù duō　　yá chǐ cháng ér jiān　　zhuǎ zi jí qí fēng lì
不多。牙齿长而尖，爪子极其锋利，
shǒu bì lì liàng yě hěn dà　　fā nù de shí hou　　huì dà
手臂力量也很大，发怒的时候，会大
shēng hǒu jiào
声吼叫。

fèi fèi
狒狒

fèi fèi qī xī yú rè dài yǔ lín huāng
狒狒栖息于热带雨林、荒
mò cǎo yuán　　qiū líng xiá gǔ　　tā men jié qún
漠草原、丘陵峡谷。它们结群
shēng huó　　měi qún shí jǐ zhǐ shèn zhì gèng duō
生活，每群十几只甚至更多。
fèi fèi de lì qi tè bié dà　　shēng xìng yǒng
狒狒的力气特别大，生性勇
měng　　gǎn hé shī zi bó dòu
猛，敢和狮子搏斗。

黄鼬

黄鼬又叫黄鼠狼，别看它
长得小，其实特别凶猛。黄鼬的
移动速度非常快，能钻入狭小的
缝隙和洞穴。喜欢在夜晚出来活
动，捕杀猎物。

shǔ
鼠

鼠的生命力非常强，人能吃
的东西它们都能吃。会打洞、游
泳，危害树木、草原，它们偷吃粮
食，破坏房屋，传播疾病，对人类
危害很大。

tù zi
兔子

兔子长着一对长长的耳朵，非常可爱。它的尾巴毛茸茸的，而且很短，像一个小毛球。兔子的前腿比后腿要短，擅长跳跃和奔跑。

hé lí
河狸

河狸长得又肥又壮，小小的眼睛，有着两颗锋利的大门牙。河狸咬断一棵大树只需要两个小时。河狸会把家安置在河边的树根下面儿。

cì wei
刺猬

刺猬很小，行动缓慢。除了肚子外，刺猬全身长有硬刺，当遇到敌人袭击时，它把身体蜷缩成一团，变成一个"刺球儿"，使袭击者无从下手。

松鼠尾巴上的毛特别长而且蓬松，这条尾巴起着平衡的作用，让它可以轻松地在树枝上跳来跳去。松鼠在秋天收集食物，储存在树洞里，在寒冷的冬天就不会挨饿了。

sōng shǔ
松鼠

huàn xióng
浣熊

浣熊喜欢栖息在靠近河流、湖泊或池塘的树林中，面部有黑色眼斑，形象滑稽，绰号"蒙面大盗"，手的灵活性极好，能抓住飞行的虫子。

dà xióng māo
大熊猫

大熊猫已在地球上生存了至少800万年，属于中国国家一级保护动物。大熊猫全身为黑白两色，有着胖胖的身体、大大的黑眼圈儿。大熊猫的主食是竹子。

dài shǔ
袋鼠

袋鼠有一条"多功能"的尾巴，跳跃过程中用尾巴保持平衡，尾巴还是它的第五条腿，是重要的进攻与防卫的武器。所有的袋鼠妈妈都长有育儿袋，小袋鼠就在育儿袋里孕育长大。

shù dài xióng
树袋熊

树袋熊也叫考拉，性情温和，行动迟缓，它只吃桉树的枝叶，大部分的时间都处于睡眠状态。白天栖息在桉树上，夜间才外出活动。

树懒
shù lǎn

树懒看上去有点儿像猴，它们可以倒挂在树枝上几个小时一动不动，所以才叫树懒。树懒啥都懒得做，懒得吃东西，懒得玩耍，一个月不吃饭也能活。

狐猴生活在热带雨林，吃昆虫、果实、树叶等。它们长着一条美丽的长尾巴，尾巴上有一圈儿黑一圈儿白的环节。狐猴常常蹲在树上晒太阳，也喜欢在树杈之间自由地荡来荡去。

狐猴
hú hóu

shē lì
猞猁

shē lì shēn tǐ cū zhuàng wěi ba hěn duǎn
猞猁身体粗壮，尾巴很短。
tā xǐ huan zì jǐ shēng huó huì pān pá hé yóu
它喜欢自己生活，会攀爬和游
yǒng ér qiě tā bù wèi yán hán kě yǐ zài hán
泳。而且它不畏严寒，可以在寒
lěng de jī xuě zhōng xíng zǒu máo róng róng de dà zhuǎ
冷的积雪中行走，毛茸茸的大爪
zi jiù xiàngchuān le mián xuē yī yàng
子就像穿了棉靴一样。

lǎo hǔ
老虎

lǎo hǔ quán shēn yǒu hēi
老虎全身有黑
huáng xiāng jiàn de huā wén
黄相间的花纹。
tā chī ròu niú lù
它吃肉，牛、鹿、
yáng zhū dōu shì tā de měi
羊、猪都是它的美
shí jī è de shí hou bǐ
食。饥饿的时候比
píng shí gèng jiā xiōng měng suǒ
平时更加凶猛，所
yǐ lǎo hǔ tè bié wēi xiǎn
以老虎特别危险。

liè bào tǐ xíng xiān xì tuǐ
猎豹体形纤细，腿
hěn cháng quán shēn yǒu hēi sè de bān
很长，全身有黑色的斑
diǎn liè bào huì bǎ shí wù dài dào
点。猎豹会把食物带到
shù shang qù chī bù yòng dān xīn bèi
树上去吃，不用担心被
qiǎng zǒu chī bǎo le hái kě yǐ zài
抢走，吃饱了还可以在
shù shang shuì gè wǔ jiào
树上睡个午觉。

liè bào
猎豹

shī zi
狮子

shī zi shì yī zhǒng shēng huó zài fēi zhōu de
狮子是一种生活在非洲的
dà xíng māo kē dòng wù shì fēi zhōu zuì dǐng jí de
大型猫科动物，是非洲最顶级的
shí ròu dòng wù shī zi tōng cháng bǔ shí bǐ jiào
食肉动物。狮子通常捕食比较
dà de liè wù lì rú yě niú líng yáng děng
大的猎物，例如野牛、羚羊等。
shī zi men huì hù xiāng tiǎn máo xiū shì hù xiāng
狮子们会互相舔毛修饰，互相
jiāo huàn zhào kàn hái zi hái huì gòng tóng shòu liè
交换照看孩子，还会共同狩猎。

北极熊

北极熊是白色的，它体形巨大，凶猛，会主动攻击人类。北极熊98.5%的食物都是肉类，主要捕食海豹。北极熊大部分时间是睡觉休息，只有很少的时间去捕捉猎物。

zōng xióng

棕熊

棕熊能在湍急的河水中捕鱼。它奔跑时速度很快，是凶猛的动物。棕熊在冬眠时主要靠体内贮存的脂肪维持生命，如果有危险，随时都会醒来。

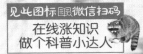
hú li
狐狸

hú li zhǎng zhe yī tiáo máo róng róng de wěi ba
狐狸长着一条毛茸茸的尾巴，
xiū cháng de tuǐ néng gòu kuài sù bēn pǎo hú li shì ròu
修长的腿能够快速奔跑。狐狸是肉
shí xìng dòng wù zhǔ yào yǐ shǔ yú wā niǎo wéi
食性动物，主要以鼠、鱼、蛙、鸟为
shí hú li bǐ yī bān de dòng wù yào cōng míng qīng yì
食。狐狸比一般的动物要聪明，轻易
bù huì jìn liè rén de quān tào
不会进猎人的圈套。

láng
狼

sēn lín li cǎo yuán shang dōu huì yǒu láng
森林里、草原上都会有狼。
zài dōng tiān láng bù róng yì zhǎo dào shí wù zhè shí
在冬天，狼不容易找到食物。这时
hou láng qún jiù huì tuán jié qǐ lái yī qǐ xiǎng bàn
候，狼群就会团结起来，一起想办
fǎ zhǎo shí wù tā men bù jǐn yá chǐ fēng lì ěr
法找食物。它们不仅牙齿锋利、耳
duo líng mǐn ér qiě fēi cháng cōng míng
朵灵敏，而且非常聪明。

17

chái

豺

豺又叫豺狗，虽然它比狼小，但战斗力甚至比狼要强，可以说豺是最强的犬科动物。它既能捕捉像鼠、兔那样的小动物，也敢于向马、鹿、野猪等动物发起挑战。

gǒu

狗

狗喜欢啃骨头，高兴时，尾巴就会左右摇摆。它们都有领地感，用撒尿的方式标出自己的地盘。

liè gǒu
鬣狗

鬣狗是非洲草原上种群最庞大的食肉动物。它们跑得快，有耐力。如果有一只鬣狗发现了食物，会大声号叫，召唤伙伴过来帮忙儿。它们团结在一起，能与战斗力更强的狮子对抗。

zàng áo
藏獒

藏獒产自于青藏高原，六千年前就和人类一起生活。它不仅能看护牛羊，还能预报雪崩、地震，保护主人。它体格高大，勇敢机警，茂密的鬃毛像雄狮一样。

19

人类在很早以前就开始驯养骆驼。骆驼每喝饱一次水，好几天不用再喝，能在炎热、干旱的沙漠里活动，驼峰为骆驼在沙漠中长途跋涉提供了能量。

luò tuo
骆驼

tuó niǎo
鸵鸟

鸵鸟是世界上最大的鸟，它不会飞，但腿长而且步伐灵活，跑得很快。鸵鸟长长的脖子可以让它准确地吃到食物。鸵鸟很警觉，所以在吃东西时总是四处张望。

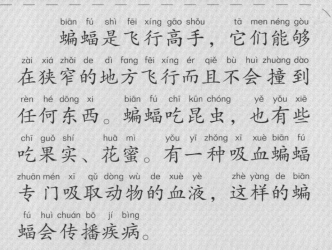

蝙蝠是飞行高手，它们能够在狭窄的地方飞行而且不会撞到任何东西。蝙蝠吃昆虫，也有些吃果实、花蜜。有一种吸血蝙蝠专门吸取动物的血液，这样的蝙蝠会传播疾病。

biān fú
蝙蝠

huǒ liè niǎo
火烈鸟

火烈鸟脖子很长，通常是S形弯曲的状态，它的脚长而且细，尾巴很短。火烈鸟喜欢群居，常以小虾、小鱼为食。

jù zuǐ niǎo
巨嘴鸟

巨嘴鸟的大嘴实际上很轻，远没有看上去那样重。它的叫声很大。色彩艳丽的羽毛和惊人的大嘴，让人印象深刻，具有极高的观赏价值。

tū jiù
秃鹫

秃鹫生活在高原，吃死掉的动物，很少袭击活着的、健康的动物。秃鹫有着带钩的嘴，十分厉害，可以轻而易举地啄破和撕开动物的皮，拖出内脏。秃鹫能轻易飞越海拔7000米以上的山脊，是动物中的飞高冠军。

tiān é
天鹅

天鹅喜欢生活在水塘、湖泊和沼泽地带，主要以水里的植物为食，也吃水里的小鱼。天鹅很勇敢，为了保护自己的孩子，它们会与敌人搏斗。

wū yā
乌鸦

乌鸦喜欢在树林、农田、沼泽和草地上活动，常常出现在有人居住的地方。它们会吃秧苗和稻谷，对农田有危害。乌鸦特别聪明，也是很凶猛的鸟，经常欺负别的小鸟和小动物。

rén men tí dào hǎi yáng de shí hou dōu
人们提到海洋的时候，都
huì xiǎng dào hǎi ōu zài hǎi biān hǎi gǎng
会想到海鸥。在海边、海港，
hái yǒu shèng chǎn yú xiā de hǎi yù dōu néng
还有盛产鱼虾的海域，都能
kàn jiàn tā hǎi ōu cóng bù tiāo shí yǒu shí
看见它。海鸥从不挑食，有时
huì qù tōu chī qí tā hǎi niǎo de niǎo dàn
会去偷吃其他海鸟的鸟蛋。

hǎi ōu
海鸥

yīng
鹰

yīng tǐ tài xióng wěi shì xìng qíng xiōng měng de dà niǎo yīng
鹰体态雄伟，是性情凶猛的大鸟。鹰
shì shí ròu dòng wù zhuǎ zi jí wéi fēng lì huì bǔ zhuō yáng
是食肉动物，爪子极为锋利，会捕捉羊、
lù lǎo shǔ yě tù huò xiǎo niǎo yīng shì dǐng dǐng dà míng de qiān
鹿、老鼠、野兔或小鸟。鹰是鼎鼎大名的千
lǐ yǎn jí shǐ tā zài qiān mǐ yǐ shàng de gāo kōng áo xiáng yě
里眼，即使它在千米以上的高空翱翔，也
néng bǎ dì miàn shang de liè wù kàn de yì qīng èr chǔ
能把地面上的猎物看得一清二楚。

kǒng què
孔雀

孔雀是最美丽的观赏鸟类，是吉祥、善良、美丽、华贵的象征。孔雀开屏的原因有求偶、保护自己或是受惊等。能够开屏的只能是雄孔雀。在孔雀的大尾屏上，有紫、蓝、黄、红等颜色，绚丽夺目。

zhuó mù niǎo
啄木鸟

啄木鸟常常啄开树木上的小洞，把洞中的虫子吃掉，还会在树干中啄洞筑巢，所以叫啄木鸟。啄木鸟是著名的益鸟，能消灭树皮下的害虫，它们每天能吃掉很多像天牛、飞蛾这样的害虫。

māo tóu yīng
猫头鹰

māo tóu yīng de shí wù yǐ shǔ lèi wéi zhǔ　　yě
猫头鹰的食物以鼠类为主，也
chī kūn chóng xiǎo niǎo　xī yì　　yú děng dòng wù
吃昆虫、小鸟、蜥蜴、鱼等动物。
jí shǐ zài yè wǎn　　māo tóu yīng de yǎn jing yě néng kàn
即使在夜晚，猫头鹰的眼睛也能看
qīng wài miàn de yī qiè　　suǒ yǐ māo tóu yīng huì zài yè
清外面的一切，所以猫头鹰会在夜
lǐ zhuō tián shǔ
里捉田鼠。

yīng wǔ
鹦鹉

yīng wǔ de zuǐ tè bié yǒu lì　　kě yǐ bǎ jiān yìng de guǒ
鹦鹉的嘴特别有力，可以把坚硬的果
ké yǎo kāi　　yīng wǔ shì rén men de hǎo huǒ bàn hé hǎo péng you
壳咬开。鹦鹉是人们的好伙伴和好朋友，
jīng guò xùn liàn hòu de yīng wǔ kě yǐ biǎo yǎn xǔ duō yǒu qù de jié
经过训练后的鹦鹉可以表演许多有趣的节
mù　　wǒ men zài mǎ xì tuán hé dòng wù yuán li jīng cháng néng kàn jiàn
目，我们在马戏团和动物园里经常能看见
zhè xiē　　biǎo yǎn yì shù jiā　　　　tā men kě yǐ tī qiú　　qí
这些"表演艺术家"，它们可以踢球、骑
zì xíng chē děng děng
自行车等等。

tí hú
鹈鹕

鹈鹕拥有一张又长又大的嘴巴，嘴巴下面有个大皮囊。巨大的嘴巴使鹈鹕显得头重脚轻，走路的时候总是摇摇摆摆的。鹈鹕的目光十分锐利，善于游水和飞翔。即使在高空飞翔，也能一下子捉到水中的鱼。

yuān yāng
鸳鸯

鸳鸯的羽毛很美丽，会游泳和潜水。它们特别机警，隐蔽能力强，飞行的本领也很厉害。一般生活在森林附近的溪流、沼泽、芦苇塘里，喜欢群体生活。

hǎi diāo
海雕

海雕翅膀宽大，身体粗壮，视觉敏锐。它很凶猛，飞得特别快，可以长时间在天上飞。它主要捕食鱼类、鸟类，也以野兔、野鸡和鼠类为食，有时还会捕食家畜和家禽。

见此图标 微信扫码 在线涨知识 做个科普小达人

qǐ é
企鹅

企鹅有好多种，几乎都生活在南极。南极虽然特别寒冷，但企鹅全身的羽毛是最好的棉衣。企鹅是鸟类中的游泳高手，主要以虾、鱼、乌贼为食。它们胖胖的，走起路来一摇一摆，特别招人喜欢。

hǎi bào
海豹

nán jí hǎi bào shù liàng zuì duō
南极海豹数量最多，
tā yǒu hòu hòu de zhī fáng bǎo nuǎn hǎi
它有厚厚的脂肪保暖。海
bào shàn yú zài hǎi li yóu yǒng yě huì
豹善于在海里游泳，也会
qián rù hěn shēn de hǎi shuǐ zhōng tā men
潜入很深的海水中。它们
yǐ yú lèi wéi zhǔ yào shí wù yě chī
以鱼类为主要食物，也吃
xiā hé jiǎ ké dòng wù
虾和甲壳动物。

hǎi xiàng zuì dú tè de shì yī duì bái sè de yá chǐ shí fēn fā dá zhè duì yá
海象最独特的是一对白色的牙齿，十分发达，这对牙
chǐ zhōngshēng dōu zài bù tíng de shēngzhǎng hǎi xiàngshēng huó zài běi jí shuǐ yù shì shè qún
齿终生都在不停地生长。海象生活在北极水域，是社群
xìngdòng wù suǒ yǐ huì kàn dào shù bǎi tóu hǎi xiàng zài lù dì hé bīngchuānshang huó dòng
性动物，所以会看到数百头海象在陆地和冰川上活动。

hǎi xiàng
海象

海狮是海洋中的哺乳动物，跟海豹很像。海狮多集群活动，会爬到岸上晒太阳。海狮流线型的体线和强有力的鳍肢使它们成为天生的游泳行家。

hǎi shī

海狮

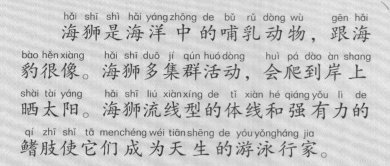

jīng

鲸

鲸不是鱼，它身上没有鳞片，是生活在海水中的哺乳动物。它们用肺呼吸，分泌乳汁哺育幼崽。鲸不能一直潜在水里，隔一段时间就会"透透气"。每当它露出水面呼吸时，就像喷泉一样。

鲸鲨是体形最大的鲨鱼。虽然鲸鲨有张非常宽大的嘴巴，有着好多大牙齿，不过它们不像大白鲨那样凶残，不会对人类造成重大的危害。鲸鲨吃藻类、虾、乌贼等。鲸鲨的寿命很长，有的甚至能活到100岁。

jīng shā
鲸鲨

初生的小海豚主要靠母亲的乳汁为食，所以从出生开始便一直要紧紧跟随妈妈。在水族馆里，它能表演许多精彩的节目，如钻呼啦圈、顶篮球。

hǎi tún
海豚

shā yú
鲨鱼

鲨鱼已经在地球上存在超过四亿年了。鲨鱼是海洋中的庞然大物，号称"海中狼"。鲨鱼的牙齿像锋利的尖刀，可以撕碎任何猎物。对人类来说特别危险，大白鲨就是其中的一种。

hǔ jīng
虎鲸

虎鲸是凶猛的食肉动物，是企鹅、海豹的天敌。就连非常恐怖的鲨鱼都会被虎鲸吃掉，是真正的"海上霸王"。虎鲸在水族馆里可以被人类饲养驯化，能学会许多技艺，表演各种节目。

它在海里就像夜空中飞行
的蝙蝠，所以叫"蝠鲼"。它
的口很宽大，里面排列着很多细
小的牙齿。蝠鲼最宽可以长到8
米，远远看上去就像是一张毯
子，再加上那一条又长又细的
尾巴，真像是"海底风筝"。

mó guǐ yú
魔鬼鱼

shuǐ mǔ
水母

水母身体的主要成分是水，所以
呈现透明状。它们的寿命大多只有
几个星期或数月。有些水母会在水中
闪耀着微弱的光芒。

wū zéi yòu jiào mò dǒu yú　　tā de shēn tǐ biǎn
乌贼又叫墨斗鱼，它的身体扁
píng róu ruǎn　　huì gǎi biàn zì shēn de yán sè　　táo bì wēi
平柔软，会改变自身的颜色，逃避危
xiǎn　　wū zéi de tǐ nèi yǒu mò zhī　　zài yù dào dí rén
险。乌贼的体内有墨汁，在遇到敌人
de shí hou huì xùn sù pēn chū　　yǎn hù zì jǐ táo shēng
的时候会迅速喷出，掩护自己逃生。

wū　　zéi
乌贼

zhāng　yú
章鱼

zhāng yú bèi chēng zuò zuì cōng
章鱼被称作最聪
míng de dòng wù zhī yī　　néng kuài
明的动物之一，能快
sù gǎi biàn shēn tǐ yán sè　　zhāng yú
速改变身体颜色。章鱼
néng líng huó de zài hǎi dǐ de yán shí
能灵活地在海底的岩石
shang pá xíng　　yǒu shí bǎ zì jǐ wěi
上爬行，有时把自己伪
zhuāng chéng shān hú　　yǒu shí bǎ zì
装成珊瑚，有时把自
jǐ wěi zhuāngchéng yī kuài shí tou
已伪装成一块石头。

气泡鱼
qì pào yú

气泡鱼身体圆圆的，头大尾巴小。平时，身上的硬刺平贴在它的身上，看起来与别的鱼没有太大的区别，膨胀时全身的刺便会竖起，形成一个大刺球儿，让敌人无法下口。

海鳗
hǎi mán

海鳗是一种凶猛的鱼，它的嘴特别大，有好多尖锐的牙齿。当海鳗捕食时，它们会以闪电般的速度向猎物靠近，然后用力咬住猎物。海鳗总是躲在海底的洞穴里，喜欢吃虾、蟹、小鱼等。

七彩神仙鱼
qī cǎi shén xiān yú

七彩神仙鱼有着小巧玲珑的嘴，看上去很温顺，其实很狡猾。有自己的领地意识，要是有别的鱼侵犯它的领地，它会毫不客气地把它们赶出去。

地图鱼
dì tú yú

地图鱼是一种非常有趣的观赏鱼。它体形较大，习性十分凶猛，非常贪吃。最喜欢的食物是鲜活的小鱼、小虾。

shí rén yú
食人鱼

食人鱼对血腥味敏感，任何一点儿血腥味都会激起大群食人鱼的疯狂攻击。食人鱼有胆量袭击比它自身大几倍甚至几十倍的动物。

páng xiè
螃蟹

螃蟹靠鳃呼吸，它们的身体被硬壳保护着。螃蟹大部分时间都在寻找食物，小鱼、小虾是它们的最爱。不过有些螃蟹吃海藻，甚至连动物尸体都能吃。

xiā
虾

虾是游泳能手，靠尾巴和许多小腿可以游得很快。虾的种类很多，有的虾身体是半透明的，尾巴像扇子；有的虾不善于游泳，例如大龙虾，多数时间在海底爬行。

hǎi xīng
海星

如果海星的一只触手被切断的话，过一段时间，便能重新长出触手。还有的海星切下的触手本身也会长成一只新的海星。

wū guī sì zhī cū zhuàng yǒu jiān yìng
乌龟四肢粗壮，有坚硬
de guī ké tóu wěi hé sì zhī dōu néng
的龟壳，头、尾和四肢都能
suō jìn ké nèi wū guī jí shǐ jǐ gè yuè
缩进壳内。乌龟即使几个月
bù chī fàn yě bù huì è sǐ dào le dōng
不吃饭也不会饿死。到了冬
tiān wū guī jiù huì jìn rù dōngmián yī
天，乌龟就会进入冬眠，一
shuì jiù shì jǐ gè yuè
睡就是几个月。

wū guī
乌龟

hǎi guī yǔ wū guī bù tóng de shì hǎi
海龟与乌龟不同的是，海
guī bù néng jiāng tóu bù hé sì zhī suō huí dào ké
龟不能将头部和四肢缩回到壳
li hǎi guī zuì ài chī xiǎo yú xiǎo xiā
里。海龟最爱吃小鱼、小虾。
tā men de sì zhī rú tóng chuán jiāng kě yǐ bāng
它们的四肢如同船桨，可以帮
zhù tā men zài hǎi zhōng líng huó de yóu yǒng
助它们在海中灵活地游泳。

hǎi guī
海龟

róng yuán
蝾螈

róng yuán shēng huó zài zhǎo zé   chí táng huò dào
蝾螈生活在沼泽、池塘或稻

tián tōng cháng cáng zài cháo shī de dì fang   tā men de
田，通常藏在潮湿的地方。它们的

pí fū guāng huá ér yǒu nián xìng   zài shuǐ dǐ hé lù dì
皮肤光滑而有黏性。在水底和陆地

shàng yòng sì zhī pá xíng   yě huì yóu yǒng
上用四肢爬行，也会游泳。

kē mò duō lóng
科莫多龙

kē mò duō lóng yǒu cháng cháng de shé tou   jiān yìng de zhuǎ zi   cū
科莫多龙有长长的舌头，坚硬的爪子，粗

hòu de pí fū   tā de tuò yè chōng mǎn le zhì mìng de bìng jūn   jí shǐ
厚的皮肤。它的唾液充满了致命的病菌，即使

shì shuǐ niú bèi tā yǎo shàng yī kǒu yě huì sǐ diào
是水牛被它咬上一口也会死掉。

è yú
鳄鱼

鳄鱼是两栖爬行动物，性情凶猛残暴。鳄鱼的尾巴很长，皮厚带有鳞甲，它的嘴巴很大，牙齿锋利。看上去外表笨拙，其实动作十分灵活。

变色龙的眼睛凸出，两个眼球会独立转动。它的舌头很长，而且很灵敏。如果光线、温度发生变化，或者受到惊吓，身体的颜色就会改变。

biàn sè lóng
变色龙

liè xī
鬣蜥

鬣蜥虽然外表长得很凶，但实际上鬣蜥不咬人，它可能是世界上胆子最小、性格最温柔的动物。

蟒是大型爬行动物，它没有毒，主要以小鸟、老鼠这样的动物为食。它很危险，可能会伤害人。蟒的主要特征是体形粗大而长，它会突然咬住猎物，用身体紧紧勒死猎物，然后张开大嘴把猎物整个吞下去。

mǎng
蟒

shé
蛇

shé quán shēn bù mǎn lín piàn   tā méi yǒu tuǐ què
蛇全身布满鳞片，它没有腿却
yī rán néng gòu zài lù dì shang pá xíng   yī kào de jiù
依然能够在陆地上爬行，依靠的就
shì zhè xiē lín piàn   shé de shí wù duō yǐ lǎo shǔ
是这些鳞片。蛇的食物多以老鼠、
qīng wā   kūn chóng wéi zhǔ   shé yǒu hěn duō zhǒng lèi
青蛙、昆虫为主。蛇有很多种类，
zài wǒ men bù néng zhǔn què fēn biàn tā shì fǒu yǒu dú de
在我们不能准确分辨它是否有毒的
qíng kuàng xià   zuì hǎo lí tā yuǎn yī xiē
情况下，最好离它远一些。

xiē zi
蝎子

xiē zi shì yī zhǒng chī ròu de dòng wù
蝎子是一种吃肉的动物，
tā de shí wù duō yǐ xī shuài hé qí tā kūn chóng wéi
它的食物多以蟋蟀和其他昆虫为
zhǔ   xiē zi bái tiān shuì jiào   wǎn shang huó dòng
主。蝎子白天睡觉，晚上活动，
shēng huó zài yīn àn cháo shī de dì fang   hài pà gān
生活在阴暗潮湿的地方，害怕干
zào   tǎo yàn qiáng guāng   tā hào jìng bù hào dòng
燥，讨厌强光。它好静不好动，
zài hán lěng de dōng tiān huì dōng mián
在寒冷的冬天会冬眠。

wō niú
蜗牛

蜗牛是最常见的软体动物之一。它行动缓慢，移动时把头伸出来，受到惊吓时头和尾巴会一起缩进壳中。

蛙有很多种类，大部分生活在水中，也有生活在雨林的树蛙、雨蛙。青蛙喜欢吃昆虫，善于发现动着的小型昆虫。青蛙是卵生的，卵孵化成蝌蚪，最后才变成青蛙。

qīng wā
青蛙

chán chú xíng dòng chí huǎn bù néng
蟾蜍行动迟缓，不能
tiào yuè yě bù néng xiàng qīng wā nà yàng
跳跃，也不能像青蛙那样
jiào tā zài yè jiān bǔ shí yǐ jiǎ
叫。它在夜间捕食，以甲
chóng é lèi yíng qū děng wéi shí dōng
虫、蛾类、蝇蛆等为食。冬
jì zài shuǐ dǐ yū ní lǐ dōng mián
季在水底淤泥里冬眠。

chán chú
蟾蜍

hú dié de chì bǎng bù jǐn měi lì hái shì
蝴蝶的翅膀不仅美丽，还是
yī jiàn yǔ yī jí shǐ xià xiǎo yǔ tā yě
一件"雨衣"，即使下小雨它也
néng fēi xíng hú dié fēi xíng de shí hou chì bǎng
能飞行。蝴蝶飞行的时候翅膀
shān dòng de bǐ jiào màn suǒ yǐ wǒ men tīng bù
扇动得比较慢，所以我们听不
dào tā fēi xíng de shēng yīn
到它飞行的声音。

hú dié
蝴蝶

mǎ fēng
马蜂

马蜂有较大的蜂巢，这种巢穴能够经得住风吹雨淋。它们过着分工明确的生活，有的负责守卫，有的负责筑巢。在野外遇到它们最好躲开，以免受伤。

蜻蜓的翅膀特别有力，翅膀的脉络清晰，非常漂亮。它是捕虫高手，可以捕食蚊子、苍蝇这些害虫，所以蜻蜓是益虫。

qīng tíng
蜻蜓

蜜蜂

蜜蜂过着群居生活，以花粉和花蜜为食。在植物开花的季节，它们天天忙碌不息，为取得食物不停地工作，白天采蜜、晚上酿蜜，把花蜜转化成蜂蜜。

瓢虫

瓢虫的翅膀坚硬，颜色鲜艳，它的身体很小，只有一粒儿黄豆那么大。当它遇到强敌感到危险的时候，就把脚收缩在肚子底下，一动不动，躺下装死，欺骗敌人。

zhī zhū
蜘蛛

蜘蛛的腿很长，会吐丝织成蜘蛛网，这个网挂在半空中，可以黏住小昆虫，有时还能捕食到比它本身大几倍的昆虫。有的蜘蛛有毒牙，可以杀死小动物。

mǎ yǐ
蚂蚁

蚂蚁一般都会在地下筑巢，地下巢穴的规模非常大。天气好的时候，我们会常常看到一队队蚂蚁在地面上忙碌地爬行，努力往家里运送粮食。如果一只蚂蚁搬不动时，就会有更多的蚂蚁一起来帮助它！

cāng ying
苍蝇

cāng ying zǒng shì zài bái tiān huó dòng   tā
苍蝇总是在白天活动，它
shén me dōu chī   xǐ huan tián shí   fǔ shí   fèn
什么都吃，喜欢甜食、腐食、粪
biàn   shì tè bié lìng rén tǎo yàn de hài chóng cāng
便，是特别令人讨厌的害虫。苍
yíng de biǎo pí yǒu hǎo duō máo   xǐ huan zài tè bié
蝇的表皮有好多毛，喜欢在特别
āng zāng de dì fang pá xíng   mì shí   suǒ yǐ tā
肮脏的地方爬行、觅食，所以它
shēnshang huì zhān rǎn hěn duō bìng jūn
身上会沾染很多病菌。

huángchóng
蝗虫

huáng chóng de hòu tuǐ qiáng jìng yǒu lì
蝗虫的后腿强劲有力，
kě yǐ shuō shì   tiào yuè zhuān jiā   gān hàn
可以说是"跳跃专家"。干旱
de huán jìng duì tā men fán zhí   shēng zhǎng fā yù
的环境对它们繁殖、生长发育
hé cún huó yǒu bāng zhù   huáng chóng huì jiāng rén men
和存活有帮助。蝗虫会将人们
xīn kǔ zhòng de liáng tián chī guāng   suǒ yǐ huángchóng
辛苦种的粮田吃光，所以蝗虫
shì hài chóng   nóng mín bó bo zài xiǎng bàn fǎ xiāo
是害虫，农民伯伯在想办法消
miè tā
灭它。

49

chán
蝉

在夏天，我们总能听见蝉在吱吱地叫，它的声音有点儿刺耳。蝉每天唱个不停，是为了吸引自己的伴侣。蝉的幼虫生活在土中，吸食植物根部的汁液，这样会使植物枝梢枯死，影响生长。

táng láng
螳螂

螳螂猎捕各类昆虫和小动物，在田间和林区能消灭不少害虫，如苍蝇、蚊子、蝗虫、蛾子等等，所以它是益虫。螳螂的标志性特征是有两把"大刀"，上面儿有一排坚硬的锯齿，末端各有一个钩子，用来钩住猎物。螳螂的头部呈三角形，能转动自如地看后方。